BEI GRIN MACHT SICH IHR WISSEN BEZAHLT

- Wir veröffentlichen Ihre Hausarbeit,
  Bachelor- und Masterarbeit

- Ihr eigenes eBook und Buch -
  weltweit in allen wichtigen Shops

- Verdienen Sie an jedem Verkauf

Jetzt bei www.GRIN.com hochladen und kostenlos publizieren

Yvonne Flerlage

Teilleistungsschwächen im mathematischen Denken, Rechenschwächen erkennen und behandeln

GRIN Verlag

Bibliografische Information der Deutschen Nationalbibliothek:

Die Deutsche Bibliothek verzeichnet diese Publikation in der Deutschen National-
bibliografie; detaillierte bibliografische Daten sind im Internet über http://dnb.d-
nb.de/ abrufbar.

Impressum:

Copyright © 2000 GRIN Verlag GmbH
Druck und Bindung: Books on Demand GmbH, Norderstedt Germany
ISBN: 978-3-638-67678-6

Dieses Buch bei GRIN:

http://www.grin.com/de/e-book/29715/teilleistungsschwaechen-im-mathematischen-
denken-rechenschwaechen-erkennen

GRIN - Your knowledge has value

Der GRIN Verlag publiziert seit 1998 wissenschaftliche Arbeiten von Studenten, Hochschullehrern und anderen Akademikern als eBook und gedrucktes Buch. Die Verlagswebsite www.grin.com ist die ideale Plattform zur Veröffentlichung von Hausarbeiten, Abschlussarbeiten, wissenschaftlichen Aufsätzen, Dissertationen und Fachbüchern.

Besuchen Sie uns im Internet:

http://www.grin.com/

http://www.facebook.com/grincom

http://www.twitter.com/grin_com

Hochschule Vechta

Fach: Mathematik

Seminar: : Seminar zur Didaktik der Arithmetik

Wintersemester: 1999/2000

Ausarbeitung des Referates: Teilleistungsstörungen im mathematischen Denken

Yvonne Flerlage

Studiengang Lehramt an Grund- und Hauptschulen

5. Semester

Inhalt

Meine Ausführungen dieses Referates, die Gliederung der Ausarbeitung und die Ausarbeitung selbst beziehen sich auf folgendes Buch:

Milz, Ingeborg (1993): Rechenschwächen erkennen und behandeln. Teilleistungsstörungen im mathematischen Denken. Dortmund: Borgmann.

1. Neuropsychologische Voraussetzungen für mathematisches Denken

Das mathematische Denken setzt räumliches Vorstellungsvermögen voraus. Die Stabilisierung unserer räumlichen Welt ist die schwierigste unserer Fertigkeiten und entwickelt sich zuletzt. Das mathematische Denken ist ein Endprodukt vielfältiger neuropsychologischer Reifungsvorgänge.

Es stellt sich nun automatisch die Frage: Wie entwickelt sich beim Kind die Fähigkeit der räumlichen Vorstellung, und wie lernt es, sich eine Vorstellung zu machen?

Zunächst entwickelt sich die Raumerfahrung aus Erfahrung mit „Umgebensein" = Erfahrung mit Begrenzung. Aus diesen Empfindungen kommt es zu Wahrnehmungen, die Voraussetzungen für ein „grundlegendes Orientierungssystem" bilden. Das Wahrnehmungssystem differenziert sich so immer weiter aus und arbeitet schließlich mit allen anderen Systemen (z.B. sehen oder hören) zusammen. Aus den Lernerfahrungen mit Gleichgewicht, Haltung, Kinästhesie (Bewegungsempfindung, Muskelgefühl) und dem Körperschema leiten sich dann die Dimensionen des euklidischen Raumes ab:

- vertikale Dimension, Richtung der Schwerkraft
- horizontale aus dem Konzept der Lateralität (Seitigkeit)
- vorne-hinten Dimension durch Hinweise für die Tiefe

}Verschmelzung=Dreidimensionale Lokalisierung=Stabilität der Objekte im Raum

Die Dreidimensionalität ist die Grundlage der Beziehungen zwischen Objekten im Raum.

2. Die Bedeutung der visuellen Wahrnehmung

2.1. Visuomotorische Koordination

Die visuomotorische Koordination meint die Koordination von Auge und Hand, sie ist ein Entwicklungsprozeß. Das Kind lernt zu sehen, was seine Hände spüren. Im Laufe der weiteren neurologischen Reifung, übernimmt schließlich das Auge die Führung der Hände. So kommt es zur Koordination von Auge und Hand. Wenn es schwierig wird, gehen wir oft auf die Hand-Auge-Koordination zurück.

2.1.1. Die Bedeutung der Auge-Hand-Koordination für die Entwicklung des mathematischen Denkens.

Koordination von Auge und Hand gilt als Grundlage für alle visuelle Wahrnehmung, sie ist die Grundlage zum Erfassen und Begreifen mathematischer Prozesse. Dieser Wahrnehmungsbereich läßt uns die Umwelt erschließen.

2.1.2. Wenn die Koordination gestört ist

Störungen machen sich erst bemerkbar, wenn es zu Lernproblemen kommt. Motorik und Perzeption (Wahrnehmung) können dann keine richtige Verbindung eingehen. Z. B. : Die Hand greift minimal neben das Ziel und muss kurz davor eine kleine Richtungskorrektur vornehmen. Auf ungenaues Greifen folgt dann auch ungenaues Begreifen.

2.2 Figur-Grund-Differenzierung

Hierbei geht es um das Herausheben einer Gestalt von ihrer Umgebung, um das Erkennen einer Figur vor ihrem Hintergrund. Z.B.: Such- o. Kippbilder.

Ansehen, Vorstellen und Wiedererkennen setzen aber voraus, dass das Kind zuvor Gegenstände taktil erfaßt haben muss. Die absichtsvolle Bewegung wird zur Figur vor einem Grund.

2.2.1 Die Bedeutung der Figur-Grund-Differenzierung für die Entwicklung des mathematischen Denkens.

War als Vorstufe beim Ordnen und Zuordnen die Auge-Hand-Koordination hervorgehoben worden, so versteht sich von selbst, dass Auge und Hand nur ergreifen und erfassen können, was sich von der Umgebung abhebt. Diese Differenzierung wird beansprucht beim Erkennen von Ziffern in der Anordnung mehrstelliger Zahlen, beim Stellenwert, bei Reihenfolgen, bei räumlichen Begriffen wie dem Begriff „zwischen" als einer Sonderform des Umschlossenseins, beim Zurechtfinden auf einer Buchseite. Der Blick zur Tafel muß die geforderten Objekte aus dem Tafelanschrieb herausdifferenzieren können.

2.3 Formkonstanz

Formen als konstant zu erkennen setzt die Auge-Hand-Koordination und die Figur-Grund-Differenzierung voraus. Weiterhin ist es wichtig, daß Formen in ihrer Eigenheit erkannt werden. Wenn wir einen Gegenstand aus verschiedenen Blickwinkeln betrachten, wird die Abbildung auf der Netzhaut je nach Blickwinkel unterschiedlich ausfallen. Wir erkennen den Kreis als solchen aber auch aus den veränderten Blickwinkeln, weil es ursprünglich die Hände waren, die die Information „rund" erfahren hatten, und dann kam erst die Erfahrung der Augen dazu.

2.3.2 Der Fall Peter (Teilleistungsstörungen in der Konstanzwahrnehmung)

Peter ist ein junger Mann Anfang 20, er gilt als geistig behindert. Er leidet unter aggressiven Ausbrüche. Er arbeitet in einer Beschützenden Werkstatt. Die Gruppe, in der Peter ist kocht: Er füllte Wasser in ein kleines Töpfchen, hatte es auch abgemessen. Er nahm aber dann einen größeren Topf und füllte die Wassermenge um. Beim Essen sagte er dann: „Gut, dass ich den größeren Topf genommen habe, das in dem kleinen Topf hätten wir nie aufbekommen."

Er sollte zwei gleiche Mengen Stecker übereinander in gleicher Höhe anordnen. Als die Therapeutin eine Reihe weiter auseinanderzog, sodass diese länger war, meinte er, dass in der Reihe auch mehr Stecker waren. Dass die Mengen als Ganzes gleich bleiben, auch wenn man die Abstände verändert, brachte ihn völlig durcheinander. Ähnlich war es auch mit der Zeit und dem Geld. Alle diese Fähigkeiten sind bei ihm nur antrainierte Splitterfertigkeiten, hinter denen keine Vorstellung von Menge und Zeit steht. Es fehlt die Erfahrung und damit der Begriff von der Konstanz der Mengen und Größen. Diese Leistungsstörungen können sich auch in das Verhalten hinein auswirken. Offensichtlich hängen Konstanzphänomene wie Mengenkonstanz, Formkonstanz, Zeitkonstanz, Größenkonstanz so eng zusammen, dass, wenn die Differenzierung und Integration von einzelnen Elementen in einem Bereich beeinträchtigt ist, auch die anderen mitbetroffen sein können.

2.4 Lage im Raum

Die Koordinaten auf die sich die Beziehungen in einem Raum aufbauen, müssen erlernt werden. Dieses Lernen beginnt mit der Lateralität, der Seitigkeit. Lateralität ist das innere Bewußtsein von zwei Körperhälften und ihrer Unterschiede. Das Bezugssystem für alle Richtungen und Orientierungen im Raum wird bestimmt durch die Richtung der Schwerkraft. Mit zunehmender Reifung gibt uns dann unser Haltungsmechanismus die Sicherheit, unsere Beziehungen zum Zentrum der Schwerkraft bzw. zur Oberfläche der Erde aufrecht zu halten. Damit wird unsere aufrechte Haltung zu einem Bezugssystem für unsere Bewegungen.

2.4.1 Die Bedeutung der Raum-Lage-Wahrnehmung für die Entwicklung des mathematischen Denkens

Hat das Kind durch Bewegung und Wahrnehmung die Richtungen oben – unten, rechts – links, vorne – hinten erlernt, dann hat es feste Bezugsgrößen für die Lage von dreidimensionalen Objekten im Raum. Für schulisches Lernen muß es diese Daten transformieren, einmal auf den zweidimensionalen Raum der Tafel vertikal, und zum anderen auf den zweidimensionalen Raum im Heft horizontal. Alleine derartige Umstellungen können Kindern mit Teilleistungsschwächen große Schwierigkeiten bereiten.

2.5. Beziehungen im Raum

Die Wahrnehmung des Raumes ist mehr als nur das Orten von Objekten eines Koordinatensystems. Die direkteste Information stammt aus dem kinästhetischen Bereich. Das Kind erfährt den Raum zunächst im Hinblick auf seine eigene Person als egozentrischen Raum. Nur, wenn das Kind über eine stabile Raumerfahrung verfügt, können auch Objekte im dreidimensionalen Raum stabilisiert wahrgenommen und in Beziehung zueinander gesetzt werden.

2.5.1 Die Bedeutung der Wahrnehmung von Beziehungen im Raum für die Entwicklung des mathematischen Denkens

Beziehungen sind in der Sprache der Mathematik Relationen. Sie bestimmen das Verhältnis von Mengen oder Objekten zueinander. Eine wesentliche räumliche Beziehung ist die Reihenfolge. Ein Kind muß lernen, dass Zeichen eine spezifische Reihenfolge einhalten müssen, um sinnvoll zu sein.

Wenn das Erfassen räumlicher Beziehungen beeinträchtigt ist, ist auch das Umgehen mit Objekten oder Mengen im mathematischen Sinn mitbetroffen.

2.6 Der Fall Timo

Timo ist neun Jahre alt. Er ist zart und klein, langsam, lässt sich ständig von seinem kleineren Bruder helfen, schafft es nie, Aufgaben von der Tafel abzuschreiben, versagt im Rechnen, findet keinen Kontakt zu anderen Kindern.

Alles, was mit räumlichem Erfassen und zeitlichen Abläufen zu tun hatte, ist besonders beeinträchtigt. Die Feinmotorik zeigt leichte Störungen, dadurch wird die Auge-Hand-Koordination beeinträchtigt. Wenn Timo seine Finger auf ein Ziel hin bewegt, weichen sie kurz davor leicht ab, um es erst nach einigem Hin und Her zu erreichen. So eine ungenaue Bewegung gibt ungenaue Information an das Hirn weiter, und wird ebenfalls ungenau verarbeitet, gespeichert und folglich auch erinnert. Mit den Augen ist es bei ihm ähnlich. Auch sie machen kleine Sprünge, sie folgen einem bewegten Gegenstand nicht geschmeidig. Aber das Erfassen, Begreifen und Behalten, alles Ausdrücke, die etwas mit der Hand zu tun haben, ist dadurch erschwert und verlangsamt. So auch z. B. Abzählen, Hinzufügen, Wegnehmen, Absehen von der Tafel, Abschreiben aus einem Buch, Übertragen in das Heft. Er findet in seinem Rechenpäckchen nie schnell genug seine Zeile. So muß er sich mehr konzentrieren und mehr anstrengen als seine Mitschüler.

Die Entwicklungsphase, in der Raumerfahrung und Raumvorstellung erworben wird, ist die Zeit des Krabbelns. Weil der Raum mit den Händen, Augen und Beinen ganzkörperlich, kinästhetisch erobert wird. Und Timo ist nicht gekrabbelt.

3 Die Bedeutung der Zeitwahrnehmung

Die Zeit als vierte Dimension. Die beiden großen Realitäten Raum und Zeit sind in der Umwelt des Kindes eng miteinander verbunden. Zeitwahrnehmung beinhaltet in ihrer Bedeutung für das mathematische Denken, das Lernen und Verhalten generell, aber auch Gleichzeitigkeit, Rhythmus, Tempo und Reihenfolge und schließlich die räumlich-zeitliche Übersetzung.

Zeitwahrnehmung entwickelt sich erst spät, denn sie ist abhängig von bewußtem Erleben. Der Nullpunkt der Zeitdimension ist die Gleichzeitigkeit. Wir können eine Zeitspanne nicht wahrnehmen, wenn wir nicht die Gleichzeitigkeit wahrnehmen können.

3.1 Gleichzeitigkeit

Gleichzeitigkeit wird vor allem motorisch erfahren: In die Hände klatschen, vom Boden abspringen... . Gleichzeitigkeit betrifft auch wechselseitige Bewegungen an ihrem Umschaltpunkt wie: Gehen und Laufen im synchronen Zusammenspiel der Gliedmaßen.

3.2 Rhythmus

Es geht um zeitlich gleichbleibende Intervalle.

- Motorischer Rhythmus: Fähigkeit, eine Bewegung mit einem konsistenten Zeitintervall auszuführen. Er umfaßt rhythmische Bewegungen eines Körperteils und die rhythmische Koordination mehrerer Gliedmaßen.

- Akustischer Rhythmus: Erkennen von gleichen Zeitintervallen bei akustischen Stimuli.

- Visueller Rhythmus: Systematische Exploration (Erforschung) einer visuellen Umgebung. Durch den visuellen Rhythmus werden die verschiedenen, für eine solche Exploration notwendige Fixationen organisiert, man schafft sich Bezugspunkte im Raum, die zur Orientierung dienen.

3.3 Tempo

Es gibt für zeitliche Verhältnisse lange und kurze Intervalle, das Tempo. Kindern fällt es oft schwer, ihr Tempo zu halten oder es zu variieren.

3.4 Reihenfolge

Zeit läßt sich nur im Ablauf von Ereignissen erleben. Die Reihenfolge sorgt für eine Organisation der Zeitdimension. Auch im Mathematikunterricht müssen diese gedachten Handlungen oder auszuführenden Handlungen der Reihe nach geschehen. Und wenn ein Kind nicht zuerst – dann – zuletzt erkennen und ausführen kann, wird es im Rechenunterricht seine Probleme bekommen.

9

3.5 Dauer

Zeit erscheint auch in Form von Dauer. Ein Zeitraum spannt sich in Form einer Zeitspanne zwischen zwei Ereignissen auf.

4 Teilleistungsschwächen im Bereich des mathematischen Denkens

4.1 Stufen im Aufbau und im Verinnerlichen mathematischer Operationen und ihre Beeinträchtigungen

Dinge müssen in der Hand gehabt werden, wenn erfahren werden soll, dass sie rund oder eckig etc. sind. Und nur diese gehandhabten Erfahrungen führen zum Erkennen von Abbildungen im zweidimensionalen Raum. Für alles ist das Tun die Voraussetzung, also das Handeln. In der Grundschule ist davon auszugehen, daß die Einführung einer neuen Rechenart immer handelnd vorgenommen wird. In jedem Fall wird konkret an das mathematische Problem herangeführt. Es gibt vier Verinnerlichungsstufen, die erreicht sein müssen,

a) das konkrete Handeln mit Gegenständen

b) die bildliche Darstellung mit graphischen Zeichen und Markierungshilfen

c) die Darstellung und Umsetzung mathematischer Operationen mit Hilfe von Ziffern und Zeichen (Ziffergleichung),

bevor es zur vierten Stufe, der

d) Automatisierung und Anwendung mathematischer Operationen kommen kann.

Die Störfaktoren, die auftreten können, sind den verschiedenen Entwicklungsstufen zuzuordnen.

4.1.1 Stufe I - Das konkrete Handeln mit Gegenständen

Hier haben die Kinder meist schon Schwierigkeiten mit dem Zählen, Abzählen und Abziehen innerhalb des ersten Zehners, mit dem Aufbau des Hunderters, dem Überschreiten des Zehners, mit dem Verständnis für Einer und Zehner, und es fehlt auch die Einsicht in das dekadische Positionssystem. Störungen können auftreten, indem sich die Einzelheiten nicht genug von der Umgebung abheben (Figur-Grund-Differenzierung) oder indem die Anordnung von Elementen oder die räumliche Beziehung der Elemente zueinander nicht deutlich genug wahrgenommen werden kann (visuell-räumliches Erkennen, Gliederungsschwäche). Eine Hilfe auf dem Weg vom Zählen einzelner Elemente zum Verstehen der Zahleigenschaft einer Menge in ihrer Gesamtheit ist das Goldene Perlenmaterial von Maria Montessori, weil die Anzahl der Perlen, aus denen die Einheiten zusammengesetzt sind, erkennbar sind.

Erfolgreiches Lernen kann auf dieser Stufe beeinträchtigt werden durch:

a) eine Schwäche des anschauungsgebundenen Denkens beim Erfassen quantitativer Strukturen,

b) eine visuelle Gliederungsschwäche,

c) eine Zählschwäche bzw. Zahlbegriffsschwäche,

d) mangelnde Einsicht in das dekadische Positionssystem der Zahldarstellung und in die Operationsdarstellung im Zahlenraum,

e) mangelnde Beherrschung der Operationen, die zum Aufbau neuer erforderlich sind.

4.1.2 Stufe II - Die bildliche Darstellung mit graphischen Zeichen und Markierungshilfen

Vor dem inneren Auge des Kindes muß beim Sehen des Plus- oder Minuszeichens der Vorgang des Hinzufügens bzw. Abziehens ablaufen. Alles, was auf der ersten Stufe noch konkret stattfand, muß nun vorgestellt werden.

Erfolgreiches Lernen kann auf dieser Stufe beeinträchtigt werden durch:

a) eine visuelle Wahrnehmungsschwäche

b) eine Schwäche der visuellen Vorstellung

c) ein mangelhaftes Kurzzeitgedächtnis

d) eine allgemeine Speicherschwäche

4.1.3 Stufe III - Die Darstellung und Umsetzung mathematischer Operationen mit Hilfe von Ziffern und Zeichen

Das Konkrete wird nun ganz abgestreift, und es wird nur noch die mathematische Struktur einer Handlung betrachtet. Das Kind muß nun fortwährend Zeichen ent- und verschlüsseln. Ganz besonders schwierig wird es für manche Kinder, wenn Gleichungen mit Platzhaltern gelöst werden sollen ($5 + \ldots = 9$). Bei diesen Aufgaben entspricht die symbolische Darstellung nicht dem Handlungsablauf, hier ist im Denken keine Kontinuität möglich. Ursachen dieser Verständnisprobleme können einmal darin liegen, dass der Unterbau der beschriebenen Basisfähigkeiten nicht fest genug gegründet war, es kann aber auch eine allgemeine Schwäche zu abstrahieren vorliegen.

Erfolgreiches Lernen kann auf dieser Stufe beeinträchtigt werden durch eine allgemeine Abstraktionsschwäche.

4.1.4 Stufe IV - Die Automatisierung und Anwendung mathematischer Operationen

Erst, wenn diese drei ersten Stufen erreicht sind, ist die Grundlage zur Automatisierung geschaffen. Schüler, denen es schwerfällt, das „1x1" auswendig zu behalten und die immer eine Reihe von Anfang an heruntersagen müssen, sind natürlich bei komplexeren Aufgaben im Nachteil, weil sie zu viel Zeit brauchen, hier kann eine Verknüpfungsschwäche vorliegen. Das Problem der Automatisierung ist aber auch, dass sie die ersten drei Stufen als gut fundiert voraussetzt. Oft können Kinder die 1x1-Reihen aufsagen und abrufen, sich aber nichts darunter vorstellen.

Erfolgreiches Lernen kann auf dieser Stufe beeinträchtigt werden durch:

a) eine Verknüpfungsschwäche

b) Schwierigkeiten des Sprachverständnisses

c) Schwächen in der Raumerfassung, -erfahrung, Richtungsstörung

d) eine Schwäche des Kurzzeitgedächtnisses

e) Graphomotorische Beeinträchtigungen.

Weitere Störfaktoren sind möglich wie

f) Störfaktoren, die im Bereich der emotionalen Persönlichkeit des Kindes oder auch des Lehrers liegen

g) Störfaktoren aus dem Bereich des sozialen Umfeldes

h) Störfaktoren methodischer oder unterrichtlicher Art.

5 Erkennen und Behandeln von Teilleistungsschwächen im Bereich des mathematischen Denkens

5.1 Diagnostische Verfahren zur Erkennung von Teilleistungsschwächen im Bereich des mathematischen Denkens

(1) Fehleranalyse. Es gibt eine Checkliste[1] zur Erfassung von Symptomen, die einer Rechenstörung zugrunde liegen können:

- Unfähigkeit, eine Eins-zu-Eins-Entsprechung zu erfassen (Zahl der Kinder – Zahl der Sitze).

- Unfähigkeit, sinnvoll zu zählen (kein Zusammenhang zwischen Symbol und Menge).

- Unfähigkeit, die auditiven u. visuellen Symbole zu assoziieren (Ziffer kann nicht mit der Menge identifiziert werden).

- Unfähigkeit, das System der Kardinal- und Ordinalzahlen zu erfassen.

- Unfähigkeit, sich eine Gruppe von Dingen aus einer Anhäufung von Gegenständen auszusondern (alles muß einzeln gezählt werden).

- Unfähigkeit, sich das Prinzip der Erhaltung der Menge einer quantitativen Größe vorzustellen.

- Unfähigkeit, arithmetische Aufgaben zu lösen.

- Unfähigkeit, mathematische Zeichen zu verstehen.

- Unfähigkeit, mehrstellige Zahlen in ihrem Stellenwert zu erkennen und dementsprechend zu lesen.

- Unfähigkeit, die Anordnung der Zahlen auf einer Seite zu verstehen.

- Unfähigkeit, eine Reihenfolge von Schritten für Lösungen verschiedener mathematischer Aufgaben einzuhalten und zu behalten.

- Unfähigkeit, Karten und graphische Darstellungen zu lesen.

---

[1] Johnson, D. J.; Myklebust, H. R.: Lernschwächen

- Unfähigkeit, die Methoden und Regeln zur Lösung bestimmter Aufgaben auszuwählen.

(2) Überprüfung der Lernausgangslage. Ziel ist es, festzustellen, welche Kenntnisse, Lerninhalte bei dem Kind als gesichert gelten können, wo es noch im Aneignungsprozeß ist und welche Defizite vorliegen. Zu wissen, was man bei einem Kind als gelernt voraussetzen kann, ermöglicht, ihm die Aufgaben zu bieten, die es beim jetzigen Stand seines Lernprozesses fördern und fordern, aber die es auch bewältigen kann.

(3) Beobachtungen anhand der Checkliste für auffälliges Verhalten[2]

(4) Überprüfung oder Einschätzung der Leistungen in anderen Fächern

(5) Überprüfung der Intelligenz

(6) Profilanalyse[3]

(7) Überprüfung auf Teilleistungsschwächen[4]

5.2 Heilpädagogische Möglichkeiten zur Behandlung von Teilleistungsschwächen im Bereich des mathematischen Denkens

Es gibt drei Bereiche[5], in denen sich Wahrnehmungsstörungen auf die Verarbeitung von Reizen auswirken.

a) Die Abhängigkeit von der Komplexität einer Situation. Diese wird durch den Raum, das Material und den Zeitdruck beeinflusst. Ein fremder Raum wirkt beunruhigend und erregend; das Verhalten wird ruhig, wenn der Raum strukturiert, begrenzt und reizarm ist. Das Material trägt bei einer kritischen Menge zur Verwirrung des Kindes bei. Kinder mit Teilleistungsschwächen werden durch eine Vielzahl von losen Blättern irritiert. Heften ist der Vorzug zu geben, auch die sprachlichen Anweisungen als Material sollten klar und übersichtlich vermittelt werden. Die Steigerung des Zeitdrucks löst ähnliche Verhaltensweisen aus. Lernkontrollen sollten vornehmlich kontrollieren, ob das, was als Lernstoff angeboten wurde, auch beherrscht wird.

---

[2] Milz, Ingeborg: Rechenschwächen erkennen und behandeln, S. 110 ff

[3] Ebd., S. 115

[4] Ebd., S. 116 ff

[5] nach Affolter, F.: Wahrnehmungsprozesse, deren Störungen und Auswirkungen auf die Schulleistungen

14

b) Die Abhängigkeit von der eigenen Leistungsgrenze. Kinder, die an ihrer Leistungsgrenze geprüft werden, zeigen auffälliges Verhalten. Tatsache ist, dass Kinder mit Teilleistungsschwächen dann zu guter und konzentrierter Arbeit fähig sind, wenn die geforderte Leistung noch eben unterhalb ihrer Leistungsgrenze liegt. Dies bringt aber für den allgemeinen Unterricht sowie für die Behandlung dieser Kinder erhebliche Probleme mit sich.

c) Die Schwierigkeit bei der Aufnahme sukzessiver Tätigkeitsfolgen. Aufgaben, bei denen es sich um Hintereinanderausführungen mehrerer Teilschritte handelt, fallen Kindern mit Teilleistungsstörungen häufig besonders schwer. Bei einer Tätigkeitsfolge A, B, C vergisst das Kind den einen Auftrag in dieser Zeit, in der es den anderen ausführt. Es kann die Reihenfolge nicht behalten und die Aufgabe deshalb nicht bearbeiten. Solche Kinder befinden sich im Unterricht bei solchen Aufgaben immer im Rückstand. Das „zuerst – dann – zuletzt" bei der Durchführung mathematischer Operationen ist für sie nur schwer organisierbar. Es fehlt die Vorstellung des Ablaufs einer Handlung.

5.2.1 Körperarbeit zur Förderung rechenschwacher Kinder

Für das mathematische Denken müssen bestimmte Voraussetzungen vorhanden sein, deren Entwicklung bereits in der sensomotorischen Phase beginnt. Deshalb ist es dringend erforderlich, die Therapie an dem entwicklungsmäßig frühesten Schwachstellen anzusetzen. [6]

DER EGOZENTRISCHE RAUM, DIE LATERALITÄT UND DIE DOMINANZ

Den egozentrischen Raum, den persönlichen Raum, auf dem das Körpergewicht ruht, kann man gut erfahren mit ausgestreckten Gliedmaßen ohne Veränderung des Standortes. Hier sind Angebote geeignet, welche die Körpergrenzen spüren lassen sowie die Ausdehnung der Gliedmaßen in verschiedene Richtungen.

Hierzu gibt es Übungen zur

a) Orientierung am eigenen Körper, Rechts-Links-Unterscheidung

b) Größeneinschätzung

c) Bilateralintegration und Überkreuzen der Mittellinie

---

[6] Folgende Übungen sind bei Milz, 1997 ab S. 127 genauer dargestellt.

DER AUßENRAUM

Zur Raumerfahrung gehört nicht nur der egozentrische Raum, sondern auch der Außenraum, den man nur erfahren kann, wenn man sich von seinem ursprünglichen Standort
wegbewegt. Um sich den Außenraum bewusst zu machen, seine Dreidimensionalität zu erfahren, sind folgende Themenkomplexe von Bedeutung:

a) Raumerfahrung

b) Raumlinien (senkrechte, waagerechte, schräge und diagonale Linien im Raum)

c) Raumausdehnung (Größe, Höhe, Entfernung)

d) Raumlage (Positionen; Begriffe wie vor, hinter, neben, über, unter etc. sollen körper-
lich erfahren werden)

e) Raumrichtungen (vorwärts, rückwärts, hin und her, hoch und runter)

ZUM TAKTIL-KINÄSTHETISCHEN BEREICH

Zu diesem System gehören die Hautsinne und der Bewegungs- und Lagesinn. Eine besonders wichtige Funktion dieses Systems ist die Feinmotorik. So gelingt z. B. die Planung
des Schreibprozesses besser, je differenzierter die sensorischen Informationen über die
Haltung der Hand, den Druck auf den Stift, die Lage der Finger zueinander wahrgenommen werden. Um den Bereich der taktil-kinästhetischen Wahrnehmung zu stimulieren,
geht es um folgende Übungen:

a) Berührungsreize

b) Tasterfahrungen

c) Kinästhesie (Bewegungsempfindung, hier soll Anspannung und Entspannung bewußt
erfahren werden)

d) Vestibuläre Stimulation

ZUR OKULOMOTORIK

Sehen funktioniert nur dann, wenn sowohl das motorische Aktionssystem der Augenmus-
keln als auch das des optischen Apparates von Linse und Netzhaut regelrecht funktionie-
ren.

Folgende Übungen sind nützlich:

a) Fixationsübungen

b) Augenfolgebewegungen mit einem oder beiden Augen

c) Nackenmuskulatur und Vierfüßlerstellung

Hier gibt es Übungen zur:

a) Auge-Hand-Koordination

b) Figur-Grund-Unterscheidung

c) Formkonstanzbeachtung

d) Erkennen der Lage im Raum

e) Erfassen räumlicher Beziehungen (Wahrnehmen und Beobachten von Anordnungen, Reihenfolgen und Beziehungen)

6 Arbeit mit dem Montessori-Material

6.1 Arbeit mit dem Montessori-Sinnesmaterial

Bei dem Sinnesmaterial handelt es sich um Gruppen von Gegenständen, die nach bestimmten Kriterien gestaltet sind und die jeweils eine besondere physikalische Eigenschaft wie Farbe, Form, Größe, Gewicht, Zustand (Rauheit, Wärme, Geruch u.a.m.) erfahrbar machen. Die jeweilige Eigenschaft ist abgestuft und zwar so, dass sich der Unterschied von einem Gegenstand zum anderen gleichmäßig verändert. Das Erfassen dieser isolierten Schwierigkeit ist das direkte Ziel. Daneben gibt es indirekte Ziele, die Basisfähigkeiten wie Taktilität, Propriorezeption und damit Kinästhesie, Sehen und Hören und die Fähigkeiten, die darauf aufbauen, mit beeinflussen.

6.1.1 Rosa Turm

Direktes Ziel: Begriffsbildung groß – klein, Indirekte Ziele: Entwicklung der Motorik, Koordination der Bewegung, Bildung von Ordnungsstrukturen

VERWENDUNG DES MATERIALS ZUR ENTWICKLUNG UND FÖRDERUNG DES MATHEMATISCHEN DENKENS:

Beim Aufbau des Turms wird die unterschiedliche Größe der Würfel taktil-kinästhetisch empfunden. Die einzelnen Würfel müssen umgriffen werden, die großen mit beiden Händen, der Gewichtsunterschied wird wahrgenommen, die Auge-Hand-Koordination wird gefördert. Das zentrierte Zusammensetzen der Würfel erfordert genaues Hinsehen und feinmotorisches Abstimmen der Handbewegungen. Weiterhin wird auch die Taktilität beansprucht.

Diese Fähigkeiten werden gefordert und gefördert: Allgemeine Differenzierung, Figur-Grund-Differenzierung, Vergleichen des visuellen Vorstellungsbildes mit dem konkreten Gegenstand, Schulung des Gedächtnisses.

6.1.2 Braune Treppe

Direktes Ziel: Begriffsbildung dick – dünn, Indirektes Ziel: Siehe Rosa Turm. VERWENDUNG DES MATERIALS ZUR ENTWICKLUNG UND FÖRDERUNG DES MATHEMATISCHEN DENKENS:

Die Dicke der Stufen wird taktil-kinästhetisch wahrgenommen. Weiterhin: Siehe Rosa Turm

6.1.3 Kombination von Rosa Turm und Brauner Treppe

Da die Materialien an den Seiten gleiche Maße haben, können sie zusammen verwendet werden, die Ziele entsprechen denen der jeweils einzeln aufgeführten Materialien.

VERWENDUNG DES MATERIALS ZUR ENTWICKLUNG UND FÖRDERUNG DES MATHEMATISCHEN DENKENS:

Das Vergleichen und Vorstellen wird beansprucht, das Erkennen von Größenkonstanz.

6.1.4 Rote Stangen

Direktes Ziel: Begriffsbildung lang – kurz, Indirekte Ziele: Siehe Rosa Turm, Vorbereitung auf die Arbeit mit den Numerischen Stangen.

VERWENDUNG DES MATERIALS ZUR ENTWICKLUNG UND FÖRDERUNG DES MATHEMATISCHEN DENKENS:

Die Bereiche der visuellen Wahrnehmungsverarbeitung werden angesprochen, die unter dem Aspekt der neuropsychologischen Voraussetzungen zur Entwicklung des mathematischen Denkens aufgeführt sind: Feinmotorik, Auge-Hand-Koordination, Figur-Grund-Differenzierung, Längenkonstanz, Raumlage und Raumbeziehungen, das Erkennen von

Abstufungen, Gleichmäßigkeiten und Nachbarschaften. Gleichzeitig wird das sprachliche Verständnis gefördert, durch die Benutzung der Begriffe wie: Vor – hinter, über- unter, davor – danach, zwischen, lang – länger – am längsten, kurz...

6.1.5 Einsatzzylinder

Direkte Ziele: Erkennen von Dimensionsunterschieden bei gleichbleibender Form, Erkennen wie Hohlraum und Körper einander entsprechen. Indirekte Ziele: Ausbildung der Feinmotorik der Schreibhand, Vorbereitung auf die Stifthaltung beim Schreiben, Bildung von Ordnungsstrukturen im Bereich der Dimensionen.

VERWENDUNG DES MATERIALS ZUR ENTWICKLUNG UND FÖRDERUNG DES MATHEMATISCHEN DENKENS:

Der Umgang mit den Zylindern fördert das taktil-kinästhetsiche Unterscheiden, das differenzierte Erkennen von Eigenschaften, abgestuften Reihenfolgen und Relationen, der Umgang fördert und fordert weiterhin die Auge-Hand-Koordination, die Figur-Grund-Differenzierung und das Erkennen von räumlichen Beziehungen.

6.1.6 Geometrische Körper

Material: 10 blaue geometrische Körper aus Holz, ein Kasten mit einem Satz Täfelchen, die dieselben Grundflächen haben, wie die Körper mit ebenen Flächen, drei Ständer für die Körper mit gekrümmten Flächen. Direktes Ziel: Aufmerksam machen auf geometrische Körper und deren Merkmale; Indirektes Ziel: Vorbereitung auf die Geometrie.

VERWENDUNG DES MATERIALS ZUR ENTWICKLUNG UND FÖRDERUNG DES MATHEMATISCHEN DENKENS:

Auf der Ebene des Fühlens, Tastens, der Kinästhesie werden Eigenschaften wie eben und gekrümmt, eckig und rund als Merkmale von Flächen im Umgang mit den Gegenständen zu Begriffen, die helfen, nicht nur diese geometrischen Körper zu differenzieren. Sie helfen generell, Körper zu identifizieren.

Gemeinsamkeiten und Unterschiede können gefunden und die Körper danach geordnet werden, konstante Formen können erkannt werden.

6.1.7 Dreiecksspiel

Material: 63 Dreiecke aus Plastik in einem Holzkasten. Es gibt sieben verschiedene Dreiecksarten in drei Größen und drei Farben. Dieses Material ist zur Sprachförderung vorgesehen, das Kind soll durch das Spielen mit den Dreiecken die Funktion des Adjektivs erfahren. Für die Förderung des mathematischen Denkens eignet sich das Material vor allem zum Erkennen gleicher Formen, also der Formkonstanz.

6.1.8 Gewichtsbrettchen

Material: Ein Kasten mit drei Fächern, in denen Brettchen aus jeweils einer anderen Holzart sind. Sie haben unterschiedliches Gewicht und Farbe. Direktes Ziel: Schulung des barischen Sinnes; Indirektes Ziel: Entwicklung der Feinmotorik.

VERWENDUNG DES MATERIALS ZUR ENTWICKLUNG UND FÖRDERUNG DES MATHEMATISCHEN DENKENS:

Der Unterschied des Gewichtes der Brettchen soll mit geschlossenen Augen festgestellt werden, indem die Brettchen auf den Fingerspitzen gewogen werden.

6.2 Arbeit mit dem Montessori-Mathematikmaterial

6.2.1 Material für den Erwerb des Zahlenbereichs bis 10

NUMERISCHE STANGEN

Ziele: Erwerb der Begriffe für die Mächtigkeit der Stangen von 1 bis 10; Zählen von 1 bis 10; Vorerfahrungen mit dem metrischen System

Fähigkeiten: Ordinal zu zählen bis 10 auf den verschiedenen Ebenen, taktil-kinästhetisch, visuell und sprachlich. Zahlennamen und die Reihenfolge der Zahlen werden erfaßt.

SANDPAPIERZIFFERN

Ziele: Kennenlernen von Ziffern als Zahlzeichen; Kennenlernen ihrer Gestalt, ihrer Lage im Raum; Vorbereitung des Ziffernschreibens.

Fähigkeiten: Zuordnen von Zifferngestalt und -name über verschiedene Ebenen (taktil-kinästhetisch, visuell, auditiv, sprachlich), Unterscheiden und Speichern der Ziffern in ihrer Gestalt und Raumlage, Vorstellen von Gestalt sowie Raumlage der einzelnen Ziffern.

SPINDELN

Ziele: Erfahren der Zahlenmenge von 1 bis 9 als einzelne Elemente; Zählen als Bestimmen von Anzahlen; Erfahren des Zahlbegriffs der Null.

Fähigkeiten: Benennen der Ziffern mit einem Zahlwort, die Bedeutung der Ziffer 0 hier als mathematische Eigenschaft „leer", die Abzählbarkeit einer Menge wird erfahren, Darstellung der Zahl als Einheit, die aus einzelnen Elementen besteht.

ZIFFERN UND CHIPS

Ziele: Beherrschen der Zahlenreihe von 1 bis 10; Begriffsbildung gerade und ungerade Zahlen.

Fähigeiten: Vertiefung der Erfahrungen im Zuordnen von Menge und Zahl; die Chips werden in vorgeschriebener Ordnung zugeordnet; Indirekte Vorbereitung auf die Teilbarkeit der Zahlen.

FARBIGE PERLENTREPPE

Ziele: Zuordnen von Perlenstäbchen und Zahlwort; Einüben des Zählens, Üben und Einprägen der Zahlenfolge.

Fähigkeiten: Umgang mit Längen, es lassen sich unterschiedliche Muster mit den Stäbchen legen unter Berücksichtigung der Reihenfolge, Vorformen geometrischer Kenntnisse.

6.2.2 Material zur Erweiterung des Zahlenraumes

GOLDENES PERLENMATERIAL

Ziele: Einführung in das Dezimalsystem; Erweiterung des Zahlenraums bis 1000; Erfahren der Mächtigkeit und der Darstellungsform von Einern, Zehnern, Hundertern und Tausendern; Kennenlernen der Struktur des Dezimalsystems.

Fähigkeiten: Das Kind erfaßt taktil-kinästhetisch, visuell, auditiv und sprachlich jede einzelne Kategorie des Dezimalsystems. Das Kind erfährt das die Zehn im Dezimalsystem eine besondere Rolle spielt. Es lernt das Umtauschen von Einern in Zehner, Zehnern in Hunderter usw., und es begreift, dass zehn Einheiten einer Kategorie einer Einheit der nächsten Kategorie entsprechen.

GROßER UND KLEINER KARTENSATZ

Ziele: Kennenlernen der Zahlsymbole von 10 bis 1000.

Fähigkeiten: Das Kind soll an der Anzahl der Nullen erkennen können zu welcher Kategorie die Zahlenkarte gehört. Das Kind lernt, Karten verschiedener Kategorien richtig übereinander zu legen. Beim Lesen der Zahlen wird noch einmal die Form gebraucht: „3 Hunderter, 2 Zehner, 6 Einer" oder das Kind liest bereits „dreihundertsechsundzwanzig".

FARBIGE PERLENTREPPE UND SEGUINTAFELN I UND II

Ziele: Darstellung der Zahlen 11 bis 19 durch Perlenmengen; differenziertes Erfassen des Zahlenraums innerhalb eines Zehners.

21

Tafel I: Kennenlernen der Zahlzeichen von 11 bis 19; Einprägen der Zahlenfolge; Einführung der Zahlen durch Zahlzeichen.

Tafel II: Zählen von 10 bis 90; Kenntnis der Zahlen bis 99.

Fähigkeiten: Das Kind erfährt, dass die jeweiligen Mengen von Elementen Einheiten bilden, hier in Form eines farbigen Stäbchens. Das Erfassen der Ganzheiten ist durch die Farbgebung erleichtert. Das Zählen und Einprägen der Reihenfolge der Zahlen wird durch den Umgang mit den farbigen Stäbchen geübt.

6.2.3 Material zur Einführung und Anwendung mathematischer Operationen

Diese Materialien streifen mehr und mehr ab, abstrahieren von dem konkret Abzählbaren. Nun sind z.b. bei dem Markenspiel gleich große quadratische Plättchen, was bei dem Goldenen Perlenmaterial noch verschiedene Formen von aneinandergedrahteten Perlen waren. Das Markenspiel ist eine Stufe abstrakter. Die nächste Abstraktionsstufe stellt das Punktspiel dar, bei dem in vorgegebene Spalten und Kästchen Punkte für die einzelnen Stellenwerte eingetragen werden. Mit Hilfe dieser Punktetabelle wird die Übertragung von einem Stellenwert zum anderen eingeführt.

7 Konsequenzen für den Anfangsunterricht Mathematik in der Grundschule

7.1 Kriterien zur Materialauswahl

Im Allgemeinen sollten die Materialien reduziert sein auf das mathematische Problem, das bearbeitet werden soll. Kinder brauchen möglichst klare und eindeutige Strukturen, Materialien und Handlungsabläufe. Materialien, die sich für Kinder mit Teilleistungsstörungen im mathematischen Bereich eignen, sollten folgende Kriterien erfüllen:

(1) Sie sollten ansprechend, robust und leicht zu pflegen sein, um auch nach längerem Gebrauch noch Aufforderungscharakter zu haben.

(2) Der gleiche Lerninhalt sollte durch verschiedene Materialien, die jeweils unterschiedliche Sinneskanäle berücksichtigen, dargeboten werden.

(3) In jedem Material sollte bevorzugt nur ein Sinn angesprochen werden.

(4) Die Materialien sollten den ritualisierten Umgang begünstigen. Wenige, aber gut ein-
geübte Arbeitsformen helfen Kindern mit Teilleistungsstörungen, sich mehr dem Inhalt
als der Form der Aufgabe widmen zu können.

(5) Die Feinmotorik und die Koordination sollten beim Arbeiten mit dem Material geübt
werden können.

(6) Die eigene Fehlerkontrolle sollte möglich sein

(7) Die Materialien sollten die verschiedenen Abstraktionsebenen ansprechen. Dies ermöglicht dem Kind, auf der Ebene einzusteigen, die seinem gegenwärtigem Leistungsni-
veau entspricht.

7.2 Vorstellung verschiedener Materialien und deren Verwendungsmöglichkeiten zur Förderung der Zahlbegriffsentwicklung

Der Schwerpunkt „Zahlbegriffsentwicklung" wurde gewählt, weil er die Grundlage aller
mathematischen Operationen bildet und Schulanfänger unterschiedlich Vorkenntnisse und
Erfahrungen haben.[7]

7.2.1 Zuordnung gleicher Mengen

Gelernt werden soll die Mengenkonstanz, Erfahrungen zu den Begriffen „gleich", „größer
als", „kleiner als" sollen gemacht werden.

7.2.2 Materialien zur Zuordnung von Menge und Begriff

Gelernt werden soll die Zahlwortreihe, die Eins-zu-Eins-Zuordnung von Element und
Zahlwort, die Mächtigkeit einer bestimmten Menge und deren Invarianz, die simultane
Mengenerfassung im Zahlenraum bis 6.

7.2.3 Materialien zur Zuordnung von Ziffer und Begriff

Gelernt werden soll das Wiedererkennen gleicher Ziffern, das richtige Schreiben von Ziffern, das Lesen von Ziffern.

---

[7] Die verschiedenen Materialien werden bei Milz, 1997 ab S. 217 näher erklärt.

7.2.4 Materialien zur Zuordnung von, Menge, Ziffer und Begriff

Gelernt werden soll die Verknüpfung der Mächtigkeit einer Menge mit entsprechender Zahl und Zahlwort, das Bilden von Mengen aus Teilmengen.

8. Literaturverzeichnis

Affolter, F. (1975): Wahrnehmungsprozesse, deren Störungen und Auswirkungen auf die Schulleistungen. In: Zeitschrift Kinder- u. Jugendpsychiatrie 2/1975.

Johnson, D. J./Myklebust, H. R. (1976): Lernschwächen. Stuttgart: Hippokrates.

Milz, Ingeborg (1997): Rechenschwächen erkennen und behandeln. Teilleistungsstörungen im mathematischen Denken. 4. Auflage. Dortmund: Borgmann.